凤凰三农

江苏省
大豆玉米带状复合种植
田间管理手册

U0260833

■主 编 陆大雷 陈 新

江苏凤凰科学技术出版社·南京

图书在版编目（CIP）数据

江苏省大豆玉米带状复合种植田间管理手册 / 陆大雷，陈新主编. -- 南京：江苏凤凰科学技术出版社，2024.10. -- ISBN 978-7-5713-4556-3

Ⅰ. S513-62；S565.1-62

中国国家版本馆CIP数据核字第2024C7F375号

江苏省大豆玉米带状复合种植田间管理手册

主　　　编	陆大雷　陈　新
策 划 编 辑	沈燕燕
责 任 编 辑	韩沛华
助 理 编 辑	滕如淦
责 任 校 对	仲　敏
责 任 监 制	刘文洋
责 任 设 计	孙达铭

出 版 发 行	江苏凤凰科学技术出版社
出版社地址	南京市湖南路1号A楼，邮编：210009
出版社网址	http://www.pspress.cn
照　　　排	江苏凤凰制版有限公司
印　　　刷	南京新洲印刷有限公司

开　　　本	718mm×1 000mm　1/16
印　　　张	6
字　　　数	80 000
版　　　次	2024年10月第1版
印　　　次	2024年10月第1次印刷

标 准 书 号	ISBN 978-7-5713-4556-3
定　　　价	30.00元

图书如有印装质量问题，可随时向我社印务部调换。

主　编：陆大雷　陈　新

副主编：李广浩　徐　雯　袁星星

参　编：（排名不分先后）

梁毓文　曾婧涵　刘倩男　杨　欢　王　君

辛海滨　袁　超　文章荣　陈国清　缪亚梅

邵　青　钱素菊　杨玉萍　刘伯芹　孙秀红

胡　波　范　辉　王全领　李振宏　胡曙鋆

顾启花　戴传刚　李　龙　周苗苗　桑　潮

伏广成　刘　敏　孙　婷　唐　凯　钱海艳

李　骍　郭　剑　黄　波　徐　鹏　刘秀秀

仇景涛　张　彦　范晓凯　马　静　李传峰

前言

食为政首，谷为民用。习近平总书记在 2021 年中央农村工作会议上强调，保障好初级产品供给是一个重大战略性问题，中国人的饭碗任何时候都要牢牢端在自己手中，饭碗主要装中国粮。稳粮扩油是近年农业生产上的一项重大任务。2022 年和 2023 年中央一号文件均对"大豆玉米带状复合种植"作出明确要求。如今，在西南、西北、黄淮海和长江中下游等地区的 17 个省（自治区、直辖市）陆续开展了大豆玉米带状复合种植技术示范，各省各地区均有一定种植面积。2023 年江苏省大豆玉米带状复合种植推广面积已从 2022 年的 63.2 万亩增至 115.7 万亩。

大豆和玉米是我国重要的粮食、油料和饲料兼用作物，对于推进粮油作物产能提升至关重要。大豆和玉米属同季作物，存在天然争地矛盾，而大豆玉米带状复合种植是一项以发挥高位作物玉米的边行优势，扩大低位作物大豆的受光空间，实现玉米和大豆协同增收的绿色高效种植模式，是传统间作套种技术的创新性发展。把握好品种选用、模式筛选、密度配置、合理施肥、除草化控和机收减损等关键技术可实现"玉米基本不减产，增收一季大豆"的技术目标。在江苏全省 2 年的示范推广过程中，受高温、涝渍、干旱、寡照等异常气候的影响，以及部分地区农业技术推广人员和种植户缺乏正确认识，对播种、密度、肥料、化控、除草、收获等关键技术掌握不到位，部分种植户尚未获得预期效益。

因此，为加快大豆玉米带状复合种植技术在全省的推广应用，保证推广质量并更好指导生产，笔者充分借鉴和学习了相关团队的研究成果，在此基础上，结合江苏省生产实际，编写了《江苏省大豆玉米带状复合种植田间管理手册》，旨在供基层农业技术人员、专业合作社、规模化种植主体以及相关工作人员学习借鉴。本手册主要围绕大豆玉米带状复合种植核心要点进行归纳总结，包括精选良种、适期播种、合理密植、精简施肥、水分管理、绿色防控、化控抗倒和适时收获等 8 个技术环节。全书力求深入浅出、图文并茂、通俗易懂，具有一定的生产指导价值。

感谢所有参编人员精心编写或提供图文，感谢江苏现代农业（特粮特经）产业技术体系、江苏省农业科技自主创新资金项目提供了部分资金资助，感谢江苏省粮食作物现代产业技术协同创新中心及江苏凤凰科学技术出版社的大力支持和帮助。本书还特邀江苏省农业技术推广总站和江苏省大豆玉米主产市（县、区）一线相关专家进行审阅指导，在此深表谢意！书中除附录列出的主要参考文献外，还参考了国家和江苏省近年来关于大豆玉米带状复合种植的部分政策文件、技术方案以及其他资料和研究成果，同致谢意！

由于编著者水平和能力有限，疏漏之处在所难免，敬请广大读者批评指正！

编著者

2024 年 4 月

目 录

第一章　概念与模式

一、技术概念与核心技术……………………………………1

二、技术模式………………………………………………1

第二章　品种选择

一、选种原则………………………………………………7

二、品种类型………………………………………………9

第三章　合理密植

一、合理密植机理…………………………………………13

二、密度确定原则…………………………………………14

三、密植注意事项…………………………………………14

四、提高整齐度……………………………………………17

五、推荐播种密度…………………………………………18

第四章　精量播种

一、江苏气候特点…………………………………………19

二、种子包衣或拌种………………………………………23

三、播种方式………………………………………………26

四、播种注意事项…………………………………………34

第五章　肥料运筹

一、需肥特性………………………………………………37

二、施肥策略与原则………………………………………39

三、施肥用量和方法 ………………………………… 40

四、新型肥料应用 …………………………………… 43

第六章　水分管理

一、需水特性 ………………………………………… 47

二、干旱对生长的影响与应对方法 ………………… 48

三、涝渍对生长的影响与应对方法 ………………… 56

第七章　绿色防控

一、主要病虫草害 …………………………………… 59

二、病虫害防治 ……………………………………… 63

三、草害防治 ………………………………………… 66

第八章　化控抗倒

一、化控目的 ………………………………………… 71

二、化控药剂类型 …………………………………… 72

三、旺长表现 ………………………………………… 73

四、化控注意事项 …………………………………… 75

第九章　适时收获

一、成熟标志 ………………………………………… 77

二、收获存在问题 …………………………………… 78

三、收获机具选择 …………………………………… 79

四、收获方式 ………………………………………… 81

五、减损收获作业流程 ……………………………… 83

六、机收减损作业注意事项 ………………………… 85

主要参考文献 …………………………………………… 87

第一章

概念与模式

一 技术概念与核心技术

1. 技术概念

大豆玉米带状复合种植是在传统间作套种基础上创新发展形成的绿色高效种植模式，该模式是在适于机械化作业条件下，玉米带和大豆带复合种植，充分发挥高位玉米边行优势，扩大低位大豆受光空间，大豆带和玉米带年际间轮作，作物间和谐共生的一季双收种植模式。

2. 技术核心

大豆玉米带状复合种植的核心技术为"缩株保密，扩间增光"，即通过缩小大豆和玉米的株距保证密度与净作相当，1 行玉米的株数相当于净作玉米 2 行的株数。通过增加玉米带和大豆带的间距保证群体光合环境并适应机械化作业，大豆密度达到当地同品种净作密度的 70% 以上。

二 技术模式

不同区域中，大豆玉米带状复合种植有套作（共生期小于一半）和间作（共生期大于一半）之分。江苏省旱田主要种植制度以冬小麦（油菜）—夏玉米（大豆）两熟为主，大豆玉米带状复合种植主要推广模式以夏播间作为主。按收获时期分，主要以籽粒型为主，南通、徐州、淮安等地区一些有销售渠道的家庭农场

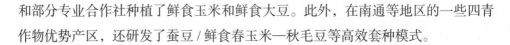

和部分专业合作社种植了鲜食玉米和鲜食大豆。此外，在南通等地区的一些四青作物优势产区，还研发了蚕豆/鲜食春玉米—秋毛豆等高效套种模式。

1. 间作模式

此类模式是黄淮海麦—玉（豆）两熟制地区的主要模式，也是江苏省的主推模式，前茬小麦收获后，大豆和玉米几乎同时播种，收获时期也基本同步（图1-1）。

图1-1　夏大豆夏玉米间作模式

2. 套种模式

此类模式主要适用于"一季有余、两季不足"的区域或者南方多熟制区域。西南地区有春玉米套种夏大豆模式，春玉米4月初前后播种，8月上旬前后收获，夏大豆6月上中旬播种，10月中旬前后收获（图1-2）。江苏南通地区部分推广了春玉米/夏大豆—大麦模式，或者以四青作物为代表的鲜食蚕豆/春播鲜食玉米/夏播鲜食大豆—秋播鲜食豌豆等多种模式，经济效益可观。

图 1-2　春玉米套种夏大豆模式

3. 行距配比

大豆玉米带状复合种植 2022 年在江苏省推广主要以大豆玉米 4‖2 模式为主，大豆玉米 4‖4 模式主要集中于江苏省农垦下属的国有农场，又被称为"农垦模式"。2023 年全省推广 115.7 万亩① 的大豆玉米带状复合种植模式中，大豆玉米 4‖2 模式约占 46.7%，4‖4 模式约占 33.3%，6‖4 等其他模式约占 20%。

（1）大豆玉米 4‖2 模式

一个生产单元 4 行大豆、2 行玉米，生产带宽度 2.7 米左右。玉米窄行行距 40 厘米左右，宽行行距 2.3 米左右，宽行内种 4 行大豆，大豆行距 30 厘米左右，玉米带与大豆带间距 70 厘米左右（图 1-3）。

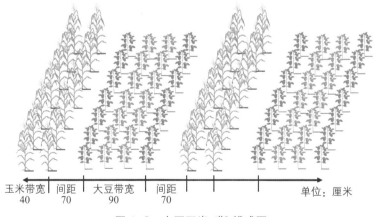

玉米带宽	间距	大豆带宽	间距	单位：厘米
40	70	90	70	

图 1-3　大豆玉米 4‖2 模式图

---

① 亩：为我国农业种植生产中常用面积单位。一亩约合 666.67 平方米。

（2）大豆玉米 4‖4 模式

一个生产单元 4 行大豆、4 行玉米，生产带宽度 3.9 米左右。大豆行距 30 厘米左右，玉米行距 40-80-40 厘米，大豆带与玉米带间距 70 厘米左右（图 1-4）。

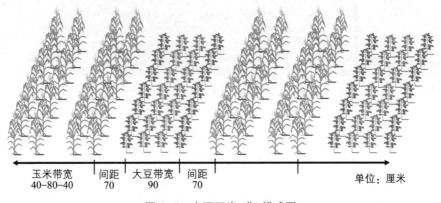

图 1-4　大豆玉米 4‖4 模式图

（3）大豆玉米 6‖4 模式

一个生产单元 6 行大豆、4 行玉米，生产带宽度 4.5 米左右。大豆行距 30 厘米左右，玉米行距 40-80-40 厘米，大豆带与玉米带间距 70 厘米左右（图 1-5）。

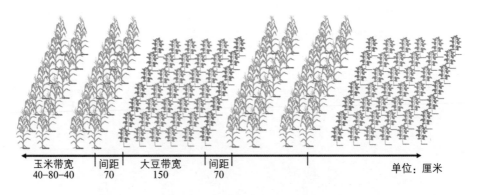

图 1-5　大豆玉米 6‖4 模式图

（4）其他模式

除了上述几种模式外，在生产中还涌现了一些其他模式，如大豆玉米 8‖2 模式、8‖4 模式等（图 1-6 至图 1-11）。

图 1-6 大豆玉米
8‖2 模式

图 1-7 大豆玉米
8‖4 模式

图 1-8 大豆玉米
6‖2 模式

图 1-9　大豆玉米 3‖2 模式

图 1-10　大豆玉米 2‖2 模式

图 1-11　大豆玉米 4‖3 模式

第二章

品种选择

一 选种原则

1. 生态适应性强

科学选择品种，充分发挥玉米边行优势，降低玉米对大豆遮阴影响，是实现大豆玉米带状复合种植丰产稳产的前提。大豆玉米要选用生态适应能力强的品种，且品种具备"四抗四耐"特征（大豆抗倒伏、抗干旱、抗病虫、抗早衰、耐涝渍、耐遮阴、耐高温、耐密植；玉米抗倒伏、抗干旱、抗病虫、抗早衰、耐涝渍、耐贫瘠、耐高温、耐密植），其中大豆以耐阴抗倒最为关键（图 2-1），玉米以抗病抗倒最为关键，同时需兼顾株型（图 2-2）。

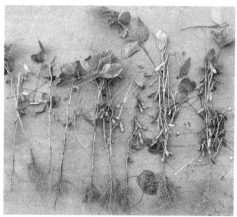

图 2-1 不耐阴大豆品种表现（左：中间行；右：边行）

图 2-2　不同株型玉米表现

2. 适于机械化生产

与传统间作相比，适于机械化生产是大豆玉米带状复合种植的核心特征。除了在田间布局上要与机械化生产相适应之外，在选择品种时也要满足机械化生产的特征（图 2-3、图 2-4）。

适于机械化生产的大豆品种应具有成熟时籽粒脱水快、茎秆直立但含水量低、不易炸荚、落叶性好、分枝较少、株高适中、分枝与主茎间角度小、底荚高度适宜（不低于 12 厘米）等特性（图 2-3）。

图 2-3　大豆专用品种筛选

图2-4 玉米专用品种筛选

适于机械化生产的玉米品种应具有茎秆坚硬、站秆能力强、穗位整齐、抗倒伏、籽粒脱水快、苞叶更蓬松、果穗易脱粒、抗病、耐密植、熟期适中等特性（图2-4）。

二 品种类型

为达到高产、优质、高效、生态和安全的生产目标，满足大豆玉米带状复合种植的产量指标要求，选择稳产、广适、多抗的大豆和玉米品种是保证大豆玉米带状复合种植技术顺利推广的前提。

小贴士

购买种子注意事项：①选择通过国家或省审定的品种；②坚决杜绝越区引种；③选择安全成熟品种；④因地制宜选择品种；⑤选择抗病耐病品种；⑥合理搭配种植品种；⑦选择高产潜力品种；⑧选择品质优良种子；⑨及早做好发芽试验；⑩索要正规单位发票。

1. 大豆类型

（1）籽粒大豆

淮北夏大豆种植区推荐选用徐豆18、徐豆20、淮豆13、南农47、齐黄34、中黄301、徐豆27等品种。淮南夏大豆种植区推荐选用苏豆13、淮豆13、通豆7号、通豆13、徐豆18等品种（图2-5）。

图 2-5　夏播粒用大豆品种（左：徐豆 27；右：苏豆 13）

（2）鲜食大豆

春播鲜食大豆推荐选用苏新 6 号（图 2-6）、苏成 4 号、苏新 5 号、台湾 292 和苏奎 3 号等品种。夏播鲜食大豆建议选用苏豆 18、通豆 6 号等品种。

图 2-6　鲜食大豆品种苏新 6 号

2. 玉米类型

（1）籽粒玉米

要求品种耐密性好、产量高；株型紧凑、株高适中、抗倒性强、成熟期站秆性好、适于机械化收获（图2-7）。淮北区夏播籽粒玉米推荐选用苏玉34、江玉877、农单117、MY73、郑单958、迪卡C1210、苏玉10号、江玉668、迁玉180、苏科玉076等品种；淮南区夏播玉米不在审定区域，可根据抗病抗倒性好等特征选择相应品种。

图2-7 玉米成熟期性状

（2）鲜食玉米

要求品种品质优，产量高，穗型美观，适采期长；株高适中，熟期适中。推荐选用苏科糯1505、苏玉糯11号、苏科糯12、苏玉糯606、扬甜糯104等品种。

（3）青贮玉米

青贮玉米除具备籽粒玉米的特性外，要求更高的生物量和更强的抗叶部病害的能力以及较优的青贮品质等。建议选用江玉 877 等兼用型品种或连青贮 101 等专用型品种（图 2-8）。

图 2-8　青贮玉米专用品种连青贮 101

小贴士

　　根据农业农村部种植业管理司、全国农业技术推广服务中心发布的《2024 年全国大豆玉米带状复合种植技术手册》，江苏推荐的 2024 年大豆品种有苏豆 21、苏豆 26、徐豆 18、徐豆 20、徐豆 27、淮豆 13、灌豆 3 号、南农 60、南农 69、苏成 4 号、郓豆 1 号、齐黄 34、中黄 301、郑 1307、安豆 203 等，玉米品种有苏玉 34、苏玉 10、苏科玉 076、江玉 877、江玉 668、明天 695、迁玉 180、中科玉 505、MY73、MC121、裕丰 303、郑单 958、迪卡 C1210 等。

第三章

合理密植

一 合理密植机理

　　不同密度下，大豆单株的荚数、粒数、粒重差异很大。合理密植可以保持适宜的叶面积指数，提高群体光能利用率，充分利用地力和光能，协调个体与群体矛盾，使群体生产性能得到最大发挥，从而提高产量。

　　一定范围内，随种植密度增加，玉米有效穗数相应增多，且穗粒数和粒重相对稳定或下降幅度小。由于穗数增加而使总粒数显著增加的补偿效果大，最终提高产量。

　　密度过低时，群体数量不足，难以获得高产（图3-1）。合理增密可以提高大豆玉米单位面积产量（图3-2），但是超过合理的密度范围，会使个体间竞争加剧，群体结构变劣，倒伏风险增加，最终导致减产。

图3-1　大豆玉米群体数量不足

图 3-2　大豆玉米合理密植

二　密度确定原则

高位主体、高低协同。大豆玉米带状复合种植玉米密度与当地同品种净作玉米密度相当（4 000 株／亩左右），1 行玉米的株数相当于净作玉米 2 行的株数；大豆密度达到当地同品种净作密度的 70% 以上。

三　密植注意事项

1. 品种特性

大豆品种的繁茂程度，如植株高度、分枝多少、叶片大小等与密度的关系密切。植株高大、分枝较多、株型开张、大叶型品种，种植密度宜稀；植株矮小，繁茂性差的品种，或株高虽高，但分枝少、株型收敛的品种种植密度宜高。

玉米的种植密度依据品种特性、生育期长短、叶片着生角度、抗倒伏能力、根系发达程度等因素综合考虑。一般晚熟品种生长期长、植株高大、茎叶繁茂、单株生产力高，需要较大的个体营养面积，种植密度宜稀；中早熟品种植株矮小，叶片直立，茎叶量较小，需要的个体营养面积也较小，种植密度宜高。

2. 肥水条件

土壤基础地力、施肥水平、灌溉条件等与种植密度有密切关系。大豆土壤肥力较低或施肥量较少，宜密植；土壤肥力较高或施肥量较高，宜稀植；玉米则相反，薄地易稀植，肥地易密植。

大豆有灌溉条件的宜稀植，无灌溉条件的宜密植；玉米则相反。

3. 适当增加播种量

机械作业可能会造成种子损伤和病虫害伤苗，造成密度不足，建议在适宜密度基础上增加5%~10%的播种量。

4. 过度增密的不利影响

大豆单株获得的光照和养分越少，越容易形成弱苗；田间通风透光性差，更容易引发病虫害；根系发育较浅，茎秆较细，容易倒伏（图3-3）。

玉米茎秆细弱（图3-4）、节间拉长、根系不良、穗位增高、整齐度差（图3-5）、倒伏风险增大；后期中下部叶片早衰（图3-6），影响果穗籽粒发育，造成秃尖增大，产量降低。

图3-3　大豆茎秆藤蔓化

图 3-4　玉米茎秆细弱

图 3-5　玉米整齐度差

图 3-6　玉米叶片早衰

四　提高整齐度

1. 造成大小苗的原因

（1）种子均匀度不一致

籽粒均匀度差；裂荚种和不完整种；拌种不均匀。

（2）人为因素影响

播种深浅不一，出苗整齐度差。

（3）自然因素影响

土地环境、水肥影响、土地平整度和均匀度（图3-7）。

图3-7　大豆玉米缺苗断垄

2. 提高整齐度的措施

（1）种子精选分级

选用纯度高、发芽率高、籽粒饱满、大小一致的种子播种。

（2）提高播种质量

提高播种质量，播种深浅一致，避免覆土过深或过浅，视土壤墒情合理镇压。

（3）种肥异位

种肥施用均匀，种、肥分开，严防肥料烧种烧苗。

（4）适墒播种

防止苗期芽涝或干旱造成出苗不整齐。

（5）病虫害合理防控

合理均匀施用除草剂，避免重喷、漏喷；严防病虫对幼苗的侵害。

五 推荐播种密度

1. 大豆玉米 4‖2 模式推荐密度

大豆：密度 10 000 粒 / 亩以上，有效株数力争达到 9 000 株 / 亩，株距 9~10 厘米；

玉米：密度 4 500 粒 / 亩以上，有效株数达到 4 000 株 / 亩以上，株距 11~12 厘米。

2. 大豆玉米 4‖4 模式推荐密度

大豆：密度 8 000 粒 / 亩以上，有效株数力争达到 7 000 株 / 亩，株距 8~9 厘米；

玉米：密度 4 500 粒 / 亩以上，有效株数达到 4 000 株 / 亩以上，株距 14~15 厘米。

3. 大豆玉米 6‖4 模式推荐密度

大豆：密度 8 200 粒 / 亩以上，有效株数力争达到 7 500 株 / 亩，株距 8~9 厘米；

玉米：密度 4 500 粒 / 亩以上，有效株数达到 4 000 株 / 亩以上，株距 13~14 厘米。

小贴士

无论确定什么模式，均需考虑玉米种植密度和净作相当，大豆种植密度约为净作的 70% 以上，否则难以实现"玉米尽量不减产，多收一季大豆"的目标。

第四章

精量播种

一 江苏气候特点

1. 江苏气候特点

江苏以淮河、苏北灌溉总渠一线为界划分为淮北区和淮南区，气候年际间变异幅度大。淮河以北属暖温带湿润、半湿润季风气候，夏季高温多雨，冬季寒冷干燥，1月平均气温在0℃以下，冬季户外一般结冰。淮河以南属亚热带湿润季风气候，四季分明，夏季高温多雨，冬季温和湿润，1月平均气温在0℃以上。

2. 江苏大豆玉米主要灾害

江苏大豆玉米播种时间跨度大，不考虑设施栽培，大田种植时间最早可在3月中下旬，最迟可推迟至8月上旬。遭遇的逆境灾害多，春大豆春玉米中后期易遭遇梅雨涝害（图4-1）、高温逼熟等灾害；夏大豆、夏玉米易遭遇苗期干旱（图4-2）或涝渍（图4-3）、花期高温（图4-4）、涝旱急转（图4-5）、台风（图4-6）等灾害；秋大豆秋玉米苗期虫害重，后期低温易停止灌浆充实等（图4-7）。此外，春播易遭遇鸟害或兔子危害，造成缺苗断垄甚至整田无苗（图4-8）。

图4-1　春播大豆玉米遭遇梅雨涝害

图 4-2　大豆玉米苗期干旱

图 4-3　大豆玉米苗期涝渍

图 4-4 大豆玉米花期高温

图 4-5 大豆玉米涝旱急转

图 4-6 大豆玉米台风后倒伏   图 4-7 玉米后期低温停止灌浆

图 4-8 春播大豆玉米受鸟害兔害影响

3. 江苏大豆玉米茬口

江苏大豆玉米茬口可分布淮南区和淮北区。大豆淮南区有春播鲜食大豆，粒用大豆以夏播为主，淮北区以夏播粒用大豆为主，也有部分鲜食大豆。玉米淮南区以春玉米为主，也有部分夏玉米，淮北区以麦茬夏玉米为主，也有蒜茬春玉米。

江苏旱田以小麦（油菜）—玉米（大豆）两熟制为主，大豆和玉米尤其是鲜食大豆和鲜食玉米生育期短，茬口衔接丰富，各地可根据种植制度选择不同的茬口类型，实现周年丰产增效的目标。

江苏大豆玉米大多种植在灌溉条件缺乏或较差的区域，播种期长（4月上旬至7月中旬），鲜食可延迟到7月下旬至8月上旬，可根据不同作物茬口衔接确定播种时间。

春玉米春大豆：适当早播，避开花期梅雨期。淮南区可在3月下旬至4月上旬根据墒情播种；淮北区可在4月上中旬播种。

夏玉米夏大豆：适墒播种，避开苗期干旱或芽涝。淮北夏玉米夏大豆一般6月中下旬播种；淮南夏玉米夏大豆一般6月下旬至7月上旬播种，部分早熟品种可延迟至7月中旬播种。

秋玉米秋大豆：主要以鲜食为主，8月5日前完成播种，防止后期低温导致灌浆提前终止。

> **小贴士**
>
> 适期播种使大豆和玉米生育期均处于最佳的温度、光照、水分条件下，充分利用光温水热资源，达到培育壮苗和获得高产的目的。夏播适期播种可避开苗期芽涝、拔节至开花期的伏旱、开花期高温杀雄、台风等不利因素，并使灌浆结实期处于最佳季节！

二 种子包衣或拌种

1. 种子包衣与拌种

市面上玉米种子多为包衣好的种子，无特殊情况无须进行二次包衣。而大豆种子多未经过包衣或拌种处理，播种前需进行种子处理。

大豆（玉米）种子包衣防病技术是一种成本较低的精准施药技术。它使农药附着在大豆（玉米）种子上，可有效抑制和防治种子内部及外部病菌，保护种子及幼苗免受土壤中害虫及病菌的侵害。种衣剂在种子播入土壤后，几乎不被溶解，在种子周围形成阻止病害侵入的保护屏障，并缓慢释放，被内吸传输到地上部位，继续起防治病害的作用。种衣剂药效在土壤中可持续 45~60 天。种子包衣技术是一种隐蔽施药技术，且具有高度的靶标性，大大减少了用药量，减少农药对大气、土壤生态环境的污染。与沟施相比，种子包衣用药不及它的 15%；与叶面喷施相比，种

> **小贴士**
>
> 种子包衣是指利用黏合剂或成膜剂，将杀菌剂、杀虫剂、微肥、植物生长调节剂、着色剂或填充剂等非种子材料，包裹在精选的种子外面，使种子成球形或基本保持原有形状，提高种子的抗逆性、抗病性，促进成苗，增加产量，提高质量的一项技术。

子包衣用药不及它的 1%。种子包衣后既可以达到防治病害的目的，还具有促进作物生长发育，增强种子抗逆性等多种效能。另外，从种子包衣到作物收获，间隔期长，农药可以在植物体内或环境中被降解，可以减少农作物的农药残留。

2. 种子包衣（拌种）的优点

（1）提高吸水性能

包衣过程中添加的化学物质增强了种子吸水能力，利于种子萌发。

（2）延长贮藏期

包衣中添加了保鲜剂和抗氧化剂，可保护种子免受破坏，从而延长贮藏期。

（3）提高透气性能

添加的介质和黏合剂增加了种子透气性，减少了发霉的可能性。

（4）减少用种量

精选后的种子采用精量播种技术，保证田间苗全、苗匀、苗壮，降低生产成本，减轻劳动强度。

（5）预防病虫害

种子周围形成保护屏障，避免了土传病害和地下害虫的侵袭。内吸性药剂缓

慢释放，被根系吸收，传导到幼苗根系各部位，持续发挥防治病虫害的作用。

（6）促进植株生长

含有促进植株生长的微肥和激素，幼苗根系多、短而粗、长势强。

3. 种子包衣方法

拌种时应根据播种量选择拌种机（使用前清洗干净）、干净容器或塑料袋进行拌种包衣，拌种充分。若使用2种以上包衣药剂混配，应确保混配安全和包衣效果。

（1）直接包衣

如包衣药剂使用剂量可保证种子着药均匀，则可将包衣药剂直接加入种子中进行包衣。

（2）兑水包衣

如包衣药剂较黏稠或使用剂量不能保证种子着药均匀，则应按说明书的药液用量，加适量清水稀释均匀，再进行包衣作业。

（3）药剂包衣＋根瘤菌剂

如大豆需使用根瘤菌剂接种，则应先进行药剂包衣（要求包衣药剂含有成膜剂）且阴干后（一般2~3天），再使用根瘤菌剂。

4. 种子包衣选用要点

（1）产品质量是关键

选择正规厂家产品，仔细辨别产品标签，查看产品的农药登记证号、农药生产批准证书号、产品标准号，同时查看产品成膜性好坏。劣质种衣剂无成膜剂或成膜性差（用手一搓就掉），易闷种、烂种、烧种，发生药害，影响出苗。

（2）有针对性地选择产品

种衣剂根据剂型不同又可分为悬浮种衣剂和种子处理悬浮剂，前者须规定包衣率和脱落率，后者拌种使用。种衣剂种类多，针对性强，在选用时一定要充分了解种衣剂的使用范围，根据实际需要来选择产品，切忌盲目选用。

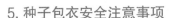

5. 种子包衣安全注意事项

①严禁徒手接触药剂或药剂处理过的种子。在搬运药剂处理好的种子和播种时，严禁吸烟和饮食。盛过药剂处理种子的器物必须用清水洗净后再作他用，严禁再盛食物。清洗器物的水严禁倒在河道或水塘里。

> **小贴士**
>
> 发生药害后，喷施植物生长调节剂可以促使幼苗尽快恢复正常，常用调节剂有碧护、芸薹素等。

②大豆种子包衣后用透气性好的袋子装好后放置阴凉处阴干，不能将种子暴晒在阳光下。装过经药剂处理种子的包装袋用后要及时处理，严防误装粮食和其他食物、饲料。

③存放、使用处理种子的场所要远离粮食和食品，严禁儿童进入玩耍，防止畜、禽误食。

④如发现接触药剂处理种子的人员出现面色苍白、呕吐等中毒症状，则应即刻护送患者离开现场，用肥皂或清水清洗被种衣剂污染的部位，并立即送医救治。

三 播种方式

1. 免耕播种

免耕是一种不需要耕地的种植方式，也是国家在黄淮海平原小麦—玉米（大豆）两熟制地区推荐的一种主要耕作方式（图4-9）。前茬小麦秸秆作为覆盖物覆盖在耕地表面，形成一层保护层，可以减少土壤侵蚀和水分蒸发，同时增加土壤肥力，提高作物产量和品质。

（1）免耕播种优势

①一次性完成开沟、深施肥、播种、覆土等作业工序，降低农业生产成本。

②在不破坏土壤耕层结构的情况下，减少耕层土壤水分蒸发，增加蓄水保墒能力。

③未破坏原来土体结构，根系与土壤固结能力强，主根发达，抗倒伏性好。

④小麦秸秆还田增加了土壤有机质含量，提高了土壤肥力，改善了土壤结构。

⑤规范了种植行距，有利于机械收获。

图 4-9　大豆玉米免耕播种方式

（2）免耕播种劣势

①苗前封闭化除效果不如旋耕。

②病虫害易高发。在没有灭茬旋耕的情况下，病菌孢子和虫卵及成虫，可直接危害刚出土的幼苗，或苗期易发生病虫害。

③秸秆和根茬残留，容易造成播种机具堵塞和土种结合不紧密；经过前茬小麦生产多次碾压，表层土壤容重大、较坚实，增加了播种开沟作业难度；部分地块高低不平，播种时容易造成深浅不一，整齐度差。

2. 旋耕播种

普通旋耕深度一般在 12~13 厘米，不超过 15 厘米（图 4-10、图 4-11）；深旋深度一般在 15~25 厘米，建议旋耕采用深旋加强镇压方式进行保墒。

图 4-10　旋耕作业机械　　　　图 4-11　大豆旋耕玉米免耕作业机械

（1）旋耕播种优势

①旋耕后的土壤，比较均匀细碎，没有大土块，有利于提高播种质量。

②旋耕工作效率高，作业速度快、时间短。

③旋耕适宜范围广，壤土、黏土、沙土都可以进行旋耕，方便农户整地。

（2）旋耕播种劣势

①旋耕后土壤失墒较快。

②旋耕后土壤细碎，易引起农田表土扬尘。

③旋耕处理后地表松软，播种深度不易掌握，遇强降雨后积水难以排出，易形成芽涝。

④旋耕破坏土壤的团粒结构。

⑤若旋耕深度不足，则根系下扎受影响，根系与土壤固结能力弱，后期遇台风易形成倒伏。

3. 推荐播种方式

（1）春播大豆玉米

春播大豆玉米带状复合种植区建议采用旋耕整地后再进行播种，尽量做到早、松、匀、深、细、实、平，耕深 15~25 厘米，以应对春季干旱，同时增强土壤蓄水保肥能力，促进根系生长。

（2）夏播大豆玉米

建议采用适墒贴茬免耕直播。玉米播深 4~5 厘米，大豆播深 3~4 厘米。可选用多功能、高精度、种肥同播的机械，一次性完成开沟、施肥、播种、覆土、镇压等作业。注意秸秆还田后清除播种沟上附着物，去除病虫适生场所；做好种、肥隔离，避免烧种烧苗；建议选用高质量专用控释肥，延长肥效。

4. 机具选择

根据种植模式、机具情况确定相匹配的播种机组，带宽、行距、株距、播种深度、施肥量等应调整到位，满足当地农艺要求。如大豆、玉米同期播种，优先选用与一个生产单元相匹配的大豆玉米带状复合种植专用播种机，也可选用带导航功能的单一大豆播种机和玉米播种机分步作业或错期进行播种。

5. 适墒播种

墒情是对农作物耕作层土壤水分的增长和消退程度进行的预报。正常情况下，大豆玉米播种时适宜的土壤相对含水量为田间最大持水量的 60%~70%。

（1）等墒播种

等墒播种一般指当土壤严重缺墒已不适宜播种时，需要等雨播种，即等到墒情适宜后适时播种，又称适墒播种。江苏省大豆和玉米多种植在缺乏灌溉条件的区域，且大豆和玉米适播期长（夏播一般从 6 月中旬至 7 月上旬），等墒播种适宜较多区域，但品种要有很好的播期适应性，能做到早播不早衰，晚播能成熟。

（2）造墒播种

造墒播种一般针对具有灌溉条件的田块，墒情不足时充分调度水源，因地制宜采用滴灌、喷灌或沟灌等措施进行造墒播种（图 4-13）。

（3）抢墒播种

抢墒播种一般指下雨后抓紧时间及时划锄、散墒，抢抓季节进行播种。早春易干旱地区，在早春气温升高、土壤水分含量较高时，尽快播种。但播种深度应较正常略浅，否则易造成烂芽。

图 4-13　造墒播种

（4）播种等墒

播种等墒一般指在墒情不足时先播种，等下雨后补足墒情。但大豆和玉米抗渍性不同，播种等墒后，若降雨过多则易导致土壤板结，造成大豆缺苗断垄（图4-14）。

图4-14　大豆播种等墒遇降雨导致土壤板结影响出苗

6. 粉籽烂籽原因

（1）种子质量问题

个别种植户或许购买到了劣质种子、陈旧种子或包衣剂脱落的种子，种子芽弱势、发芽率低下，种子萌发慢，拱土无力，当遇到高温高湿等不利环境更容易被病菌侵染，导致种子霉变、粉籽、烂芽等不出苗的情况（图4-15）。

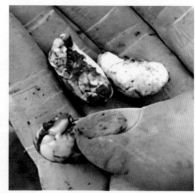

图 4-15 大豆玉米粉籽

（2）湿度过大

播种后，土壤中的水分过多，种子长期被浸泡，出苗受阻或发霉腐烂，俗称芽涝（图 4-16）。

图 4-16 大豆玉米苗期渍害

（3）播种深度不当

当田间土壤湿度过大时播种过深，种子由于缺氧会导致闷种死芽；而土壤干旱、土温较高、光照充足时播种过浅，种子也会因吸收不到充足的水分而出现出苗迟缓或干死的情况。播种过深、过浅都不好，要根据土壤墒情、温度、土壤类型等综合考虑确定适合的播种深度（图4-17）。

图4-17 大豆播种过深

7. 预防粉籽烂籽的措施

选用发芽率高、包衣合格的种子；掌握适宜播期；提高整地和播种质量；适墒播种，浇水均匀，遇雨涝及时排水；播种时，施肥要种、肥分离，施用农药要均匀规范；及时防治地下害虫。

四 播种注意事项

1. 种子缺苗断垄的原因

（1）种子质量差

发芽率低的种子出苗差，刨开土壤会发现不发芽的死种子、有根无芽、有芽无根等情况。芽势差的种子发育慢，在土壤中待的时间过长，拱土能力差；大小不均匀的种子机械播种时，大粒种子因孔距小、播不下来而空穴；种子净度差，有破损种子、石头、结块的种衣剂等其他杂质，播种时易造成空穴未下籽。

（2）整地质量差

免耕播种地块若秸秆过多，加之地势不平，则播种时籽粒不易播进土壤，且播种深浅不一。旋耕地块如遇干旱则土壤失墒快，遇降雨过多易形成芽涝，造成粉籽、烂籽。种子播到埋在土壤中的秸秆上，若接触不到土壤，则即使种子吸收到少量水分慢慢发育，后期也会导致弱苗、病苗或死苗（图4-18）。

图4-18 大豆玉米苗情差

（3）播种质量差

播种前播种机没有调试好，下播籽深浅不一，易出现空穴或每穴多粒等情况；播种后没有镇压，使种子与土壤接触不良，影响种子水分的吸收从而导致缺苗断垄；或者土壤黏度大，镇压不当而板结导致缺苗断垄（图4-19）；播种机操作手技术水平欠佳，作业快慢也会影响播种深度，播种过深容易造成粉籽、烂籽、病弱苗，播种过浅易失墒，造成种子不能正常生长发育。

图4-19　大豆旋耕后镇压不当

（4）肥害/药害

基肥施用量过大，或化肥距离种子太近，易出现化肥烧籽或烧苗，造成缺苗断垄。种肥同播的播种机，化肥和种子的间距一般不能小于 10 厘米，旱地的基肥用量不宜过大。

播前或播后苗前的土壤封闭农药浓度过大，易造成除草剂药害；前茬作物的农药残留造成药害；播前进行土壤封闭后不能立即播种，尤其是土壤封闭后进行耙地糖地的耕种方式下，要至少间隔 1 周左右的时间方可播种。播后苗前要提早封闭，否则种子顶土的时候施药会伤芽死苗。

2. 播种注意事项

① 根据现有机具配置种植模式（大豆玉米 4||2、4||4、6||4 模式等）。

② 根据适宜墒情确保播种时期，麦茬较高、田间麦草覆盖地面时应灭茬后再播种，否则难以保证封闭效果。

③ 旋耕播种建议适度镇压，确保土种密接。

④ 种、肥需异位同播，肥料深施约 10 厘米，种肥距离 8~10 厘米，种肥密接易造成烧种。

⑤ 播种机速度应控制在适宜速度（4~6 千米/时左右），播种速度过快易增加株距，降低密度，播种过慢易形成丛籽苗。

⑥ 对农机手加强培训，使其熟悉机具作业性能，是提高播种质量的关键。

小贴士

开沟与播种两项工作必须紧密结合，开沟后应立即播种，以防播种沟跑墒，影响种子萌发出苗。播种沟深度与覆土厚度相同。播种后应适当镇压，以促使毛细管水上升，保证种子发芽所需水分，播种时一定要使种子均匀分布。

肥料运筹

一 需肥特性

1. 大豆需肥特性

大豆是直根系作物，根系吸收面积相对较窄，以利用根瘤固氮为主（图5-1）。大豆是喜磷作物，对磷素需求较多，对氮的需求主要通过根瘤固氮，施用氮肥较少。一般每生产100千克大豆籽粒，需从土壤中获取速效氮5.3~7.2千克、速效磷1.0~1.8千克、速效钾1.3~4.0千克。

图5-1　大豆根系

2. 玉米需肥特性

玉米是须根系作物，根系吸收面积大、养分吸收范围广、竞争能力相对较强，以吸收无机氮素为主（图5-2）。玉米需氮量较多，磷素吸收量较氮和钾低。一般每生产100千克玉米籽粒，需从土壤中获取速效氮2.0~4.0千克、速效磷0.7~1.5千克、速效钾1.5~4.0千克。

3. 大豆玉米带状复合种植需肥特性

大豆、玉米具有不同的需肥特性，特别是需氮量一少一多，需要分别控制氮肥施用。大豆少施或不施氮肥，玉米施足氮肥。

图5-2　玉米根系

大豆玉米带状复合种植施肥可以通过优化田间配置，减弱地上植株对光的竞争，有助于两种作物的肥料需求互补，促进养分吸收及增强根瘤固氮能力，提高氮肥利用率，每亩可减施纯氮4~6千克。此外，大豆玉米带状复合种植在一定程度上降低土壤pH值，激发了大豆对土壤磷的活化作用，提高磷素当季利用率，每亩可节约P_2O_5 2千克左右。

小贴士

大豆根上有根瘤菌所形成的根瘤。根瘤菌能够固定空气中的氮素，其中一部分供给大豆利用。在大豆整个生长过程中，由于根瘤菌的活动，每亩大豆植株一般可从空气中固定5~10千克氮素，可满足大豆所需氮素的1/3~1/2。

二　施肥策略与原则

目前，在作物生产中普遍存在重化肥、轻农肥的现象，加上施肥比例、方法和时间不科学，不仅造成了肥料浪费，形成面源污染，还增加了种植成本。因此，在大豆玉米带状复合种植中，大豆和玉米的施肥方法及用量尤其重要。

1. 大豆施肥策略

施低氮专用复合肥（如 N-P$_2$O$_5$-K$_2$O=15-15-15），折合纯氮 2.0~2.5 千克 / 亩，整地时作底肥施用或播种时种肥同播。后期如果出现缺肥症状可采用无人机补施叶面肥，或者在结荚（或充实期）根据长势追施氮 1.5~2.5 千克 / 亩。

2. 玉米施肥策略

参考净作玉米施肥标准施肥，或施用等氮量的玉米专用缓 / 控释肥或新型复合肥（折合鲜食玉米纯氮 12~15 千克 / 亩，青贮或籽粒玉米纯氮 15~20 千克 / 亩），在播种时全部作基肥一次性施用，长势较弱的玉米可在 6~7 叶期在玉米窄行距中间追施氮 2.5~5.0 千克 / 亩。

3. 施肥原则

大豆玉米带状复合种植的核心目标是"玉米基本不减产、多收一季大豆"，通俗而言，相当于 1 亩大豆和 1 亩玉米一起种在 1 亩地上。因此，1 亩田地中需施 1 亩净作玉米的肥量和 1 亩净作大豆的肥量。

小贴士

生产上有些种植户可能会认为施肥越多产量越高，在一定施肥量范围内确实如此。但一般而言，纯氮施用量大豆 2~3 千克 / 亩、玉米 15~20 千克 / 亩最合适，过多或过少均不利于高产。

三 施肥用量和方法

1. 施肥用量

根据 2022 年江苏省大豆玉米带状复合种植施肥情况调研结果显示，在大豆玉米带状复合种植生产中，大部分种植户选择播种时基施复合肥＋拔节至大喇叭口期追施 1 次尿素完成玉米肥料施用（表 5-1）。大豆施肥量偏多，平均施氮量达到 5.12 千克/亩，高于推荐的大豆施氮量，使大豆营养生长旺盛，结荚数减少，严重影响产量（图 5-3）。

表 5-1 2022 年江苏省大豆玉米带状复合种植施肥情况统计

作物	肥料种类	施肥次数分布比例 /%			平均施用量 / （千克/公顷）
		基施	基施 +1 次追肥	基施 +2 次追肥	
玉米	N	29.3	63.4	7.3	279.4
	P_2O_5	80.6	14.2	5.2	113.8
	K_2O	84.9	15.1	0	98.2
大豆	N	53.1	39.8	7.1	76.8
	P_2O_5	65.0	24.8	10.2	108.0
	K_2O	64.2	29.2	6.6	86.6

图 5-3 施肥过量导致大豆旺长

大豆追肥时，因其用量均低于玉米，因此，其施肥量可不考虑玉米需求，根据大豆需求进行全田追肥。

玉米追氮时，宜顺垄追施在玉米小行中间（图5-4），忌漫灌施肥和全田撒施，否则大豆易出现旺长，产量严重下降。

2. 施肥方法

大豆玉米的肥料施用以基施和追施相结合为主。正常情况下，现有播种机械多具有种肥同播的功能，播种时基本上能带足复合肥或者缓/控释肥，且多数条件下能满足种肥异位。

大豆玉米追肥多以施氮素为主，追肥方法主要有开沟深施或地表撒施，亦有个别农户采用液体氮肥喷施。在复合种植模式下，由于大豆玉米需氮量一少一多，撒施尿素虽可节省劳力和时间成本，但干旱条件下尿素不易溶解，肥效不高，遇水则容易流失且易发生串肥现象，大豆易形成倒伏（图5-5）。机械深施可提高肥料利用率，同时减少农田面源污染，达到高产高效和绿色生态有机统一目标（图5-6）。液体氮肥用量较低且不超过大豆需肥上限情况下可全田喷施，效率更高，如喷施量较多则应对位喷施，以防影响大豆生长（图5-7）。

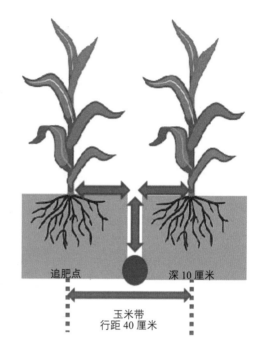

图 5-4 玉米追肥深度示意图

图 5-5 地表撒施追肥

图 5-6　机械深施追肥

图 5-7 叶面肥喷施

四 新型肥料应用

市场上肥料多种多样（图 5-8），有不同的分类方法。按化学成分可分为有机肥料、无机肥料、有机无机肥料；按养分可分为单质肥料、复混（合）肥料（多养分肥料）；按形态可分为固体肥料、液体肥料、气体肥料等；按肥效作用方式可分为速效肥料、长效肥料；按营养元素需要量可分为大量元素肥料、中量元素肥料、微量元素肥料。

随着肥料科技不断创新，对环境更加友好、增产效果更高的新型绿色高效化肥产品逐渐应用在生产上。根据增效原理、技术策略和产业途径的不同，目前已实现产业化的绿色高效化肥产品主要分为四大类型。

图 5-8　市面上各种类型的肥料

1. 缓／控释肥

一种新型肥料，施入土壤后，肥料自身经调控机制使其养分缓慢释放，延长植物对其有效养分吸收利用的有效期（图 5-9）。根据延缓释放肥效的方式又分缓释肥和控释肥。缓释肥又称长效肥料，主要指施入土壤后转变为植物有效养分的速度比普通肥料缓慢的肥料，其释放速率、方式和持续时间不能很好地控制，受施肥方式和环境条件的影响较大。控释肥是指通过各种机制措施预先设定肥料在作物生长季节的释放模式，使其养分释放规律与作物养分吸收基本同步，从而达到提高肥效目的的一类肥料。

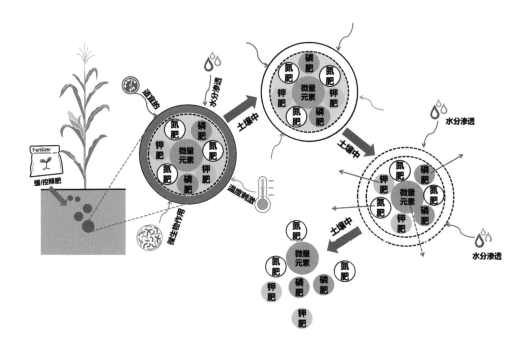

图 5-9　缓 / 控释肥优点与作用原理

2. 稳定性肥料

是指在肥料生产过程中，添加脲酶抑制剂或硝化抑制剂，或者同时添加 2 种抑制剂使肥效期得到延长的一类含氮肥料。肥效期长，养分有效期可达 120 天，氮利用率提高 8% 左右，磷利用率提高 4% 左右，作物平均增产幅度 10% 以上。

3. 脲醛类肥料

是尿素与醛类的缩合物，是一种有机微溶性氮缓释肥料，溶解性较尿素显著降低，具有缓效长效性，有利于减少氮的损失。

4. 增值肥料

是指利用腐殖酸、海藻酸、氨基酸等生物活性增效载体，与尿素、磷铵、复合肥等大宗化肥科学配比生产的肥料增值产品。与常规肥料相比，增值肥料对粮食作物的增产潜力在 14% 以上，减肥潜力超过 10%。

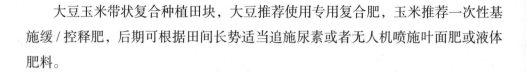

　　大豆玉米带状复合种植田块，大豆推荐使用专用复合肥，玉米推荐一次性基施缓/控释肥，后期可根据田间长势适当追施尿素或者无人机喷施叶面肥或液体肥料。

小贴士

什么是叶面肥?

　　叶面肥是一种根外追肥。主要通过直接喷施于作物叶表，经由叶面吸收，从而将养分输送到作物体内各部分。农作物除了通过根系吸收养分外，通过叶片也能吸收养分。叶面施肥就是通过农作物叶面补充养分的一种施肥方式，因此叶面施肥通常会被称为根外追肥或叶面喷肥。

第六章

水分管理

一 需水特性

1. 大豆需水特性

大豆的需水特性是苗期怕涝、后期怕旱，缺水标志是中午时分叶片发生萎蔫现象。各时期需水特点如下（图6-1）。

播种到出苗期：如水分不足或中途落干，则种子在土壤中易丧失生根能力。

出苗到分枝期：需水量随着植株生长对水分的需求逐渐增加。除非特别干旱，这一阶段一般不宜灌水。应适当控制水分，以促进根系下扎，增强大豆后期抗倒伏能力。

分枝至开花期：大豆植株主茎变粗伸长，复叶不断出现，分枝相继产生，根系向纵深发展，花芽陆续分化，营养生长与生殖生长并进，水分需求开始增加，如遇干旱则应及时灌水。

开花到结荚期：需水的关键时期。

结荚到鼓粒期：需水的重要时期。

鼓粒期到成熟期：大豆需水量逐渐减少。

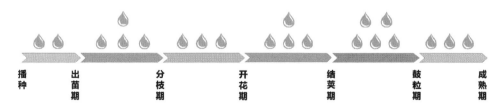

图6-1 大豆需水量示意图

2. 玉米需水特性

玉米的需水特性和大豆相似，苗期怕涝、后期怕旱，缺水标志是中午时分叶片发生萎蔫现象。各时期需水特点如下（图6-2）。

播种至出苗期：需水量少。

出苗至拔节期：植株矮小，生长缓慢，叶面蒸腾量少，耗水量不大。

拔节至抽雄期：旺盛生长阶段，耗水量增大，抽雄前10天左右为需水临界期的始期。

抽雄至吐丝期：叶面积达到最大，需水量最多，为需水临界期。

吐丝至籽粒建成期：叶面积大而稳定，植株代谢旺盛，水分需求量较高。

籽粒建成期至蜡熟期：籽粒增重最迅速的阶段，是决定粒重的关键阶段，缺水会导致粒重降低而减产。

蜡熟至完熟期：籽粒进入脱水阶段，仅需要少量水分来维持植株生命活动，保证其正常成熟。

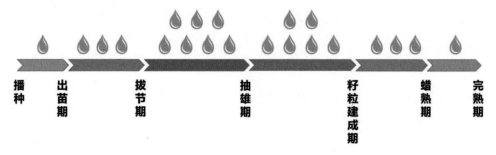

图6-2　玉米需水量示意图

(二) 干旱对生长的影响与应对方法

1. 干旱对大豆生长的影响

苗期遇旱：严重干旱影响根系下扎，植株生长较慢（图6-3）。

花期至鼓粒期遇旱：导致落花落荚，叶面积减少，根系生长受阻，养分分配失调，进而严重影响产量（图6-4）。

鼓粒至采收期遇旱：植株早衰，鼓粒不充分，充实期缩短，粒重降低（图6-5）。

图6-3　大豆苗期干旱

图6-4　大豆花期干旱

图6-5　大豆鼓粒期干旱

2. 干旱对玉米生长的影响

苗期遇旱：苗期干旱，植株生长缓慢，叶片发黄，茎秆细小，即使后期雨水调和也不能形成壮秆，影响大穗孕育（图6-6）。

图6-6　玉米苗期干旱

孕穗至抽雄期遇旱：植株矮化，叶面积指数下降，叶片衰老提前。干旱导致玉米雌雄花期间隔加长，授粉不良，结实率下降，产量严重受损，俗称"卡脖子旱"（图6-7）。

图6-7　玉米穗期干旱

灌浆结实期遇旱：果穗性状恶化，对产量构成因素产生严重影响，果穗长度、粒重和穗粒数等指标下降，秃尖增大，最终使得玉米大幅减产甚至绝收。此阶段的干旱对玉米产量的影响不可逆转（图6-8）。

图6-8　玉米灌浆期干旱

3. 干旱应对方法

及时灌溉：干旱田块需进行及时灌水，灌水以灌跑马水为主，夜灌日排，不能大水漫灌，灌后即排，保证田间无积水。

加强田间管理：苗期可进行中耕除草，疏松土壤，减少水分蒸发；初花期大豆、拔节期玉米若长势偏弱，可适时喷施叶面肥，长势过旺或密度过高田块，在大豆分枝期至初花期、玉米7~10叶期用多效唑等生长调节剂化控；处于鼓粒期的大豆、灌浆期的玉米在抗旱的同时，视田间长势施用尿素。

虫害防治：干旱易诱发虫害，需要及时防治。

小贴士

干旱叶片性状

暂时萎蔫：当土壤水分不能满足玉米蒸腾消耗的生理需水时，晴天中午叶片出现萎蔫现象，夜间又恢复正常（图6-9）。

永久萎蔫：叶片萎蔫后若水分未得到有效补充则不能恢复正常（图6-10）。

图6-9　玉米遇干旱叶片萎蔫卷曲

图6-10　玉米遇干旱叶片早衰死亡

4. 灌溉方法

（1）喷灌

用压力将水经喷管或喷头喷向空中，使灌溉水像降雨一样均匀地落在植株和地面上，靠水浸润土壤供水（图6-11）。喷灌减少了灌溉水对土壤的冲刷，避免土壤板结，用水量可以根据需要控制，比地面灌溉要节省15%~30%。墒情较差地块播种时应先喷灌造墒，墒情合适时再进行播种。如播种前未及时喷灌，则播后喷灌要做到强度适中、水滴雾化、均匀喷洒。喷灌水量满足出苗用水即可，过量喷灌会造成土表板结，影响出苗，尤其是大豆顶土能力弱、土表板结严重会降低出苗率。

图6-11 喷灌

（2）滴灌

利用低压管导系统，使灌溉水滴缓慢地浅润根系区域（图6-12）。借助于土壤毛细管作用，由地下上升到大豆玉米根系分布层，供生长发育。可按大豆玉米

图6-12　滴灌

需水量供水，能更好地节约用水量，促进大豆玉米生长和提高产量。每条滴灌带与主管连接处装有控制开关，便于后期通过滴灌带给不同作物追施肥料，如给玉米追施氮肥时，则必须关上大豆滴灌带的开关。

根据作物需水规律，一般在播后苗前、玉米拔节期（大豆分枝期）、玉米大喇叭口期（大豆开花结荚期）和玉米灌浆期（大豆鼓粒期）根据土壤墒情进行滴灌。

（3）沟灌

先在玉米和大豆行间开沟，然后将水引入沟内。减少水流与地表的接触面，减轻土壤团粒受水力破坏的程度，因而大豆玉米根部土壤疏松、通气性好，有利于生长发育。沟灌一般在玉米拔节后采用，田间管理上一般随中耕追肥进行培土，使玉米行间自然成沟。为控制水量以及防止灌后造成倒伏，常采用隔沟灌或半沟灌。

（4）垄灌

又称垄作沟灌技术，即在田间起一定规格的垄，在垄上种植作物，垄沟内灌溉的技术。用人工、畜力、机械起垄相结合，采用机械起垄、播种、施肥一次性完成。建议玉米以垄面 50 厘米，垄底 60 厘米为宜，垄高 15 厘米，垄沟宽 20 厘米。大豆垄距 110~140 厘米，垄体高度不低于 22 厘米，百米弯曲度控制在 ±10 厘米，垄型主要以 110 厘米大垄为主，大豆播 2~4 行。垄灌可改善群体光照，提高植株的抗性和生产力，穗粒数、结荚数和粒重较高，具有一定的增产效果。

5. 灌溉策略

（1）根据生育时期灌溉

不同生育时期大豆和玉米需水不同，如苗期需水较少，可不灌溉或少量灌溉。在大豆开花至鼓粒期和玉米孕穗至籽粒形成期需水较多，干旱对产量影响较大，应及时灌溉。

（2）根据大豆玉米长势长相灌溉

植株生长状态是判断需水与否的重要标志。如大豆植株生长缓慢，叶片老绿，中午有萎蔫现象；玉米出现黄苗，茎秆细小，叶片干卷萎蔫等现象，即为缺水表现，需及时灌溉。

（3）根据土壤墒情灌水

土壤含水量是决定灌溉与否的可靠依据。在一般土壤条件下，大豆和玉米不同生育阶段土壤适宜含水量不同，均表现为前期低、中期高、后期低的特点。当土壤含水量低于适宜含水量时，大豆玉米就有受害的可能，应进行灌溉。

（4）根据天气情况灌水

久晴无雨速灌溉，将要下雨不灌溉，晴雨不定早灌溉。气温高，空气湿度低，蒸发量大，土壤水分不足，应及时灌溉，即使土壤水分勉强够用，但由于空气干燥也应适时浇水。

小贴士

灌水注意事项

① 忌大水漫灌和淹水。
② 夜灌日排，灌跑马水。

（5）根据土质和地势灌水

土质、地势不同，灌水次数、灌水数量也应有所区别。

三 涝渍对生长的影响与应对方法

1. 涝渍对大豆的影响

（1）影响根系发育

涝渍导致根系和根瘤正常的生理活动受阻，引起根系腐烂、落花落荚、植株凋亡，导致减产甚至绝收。

（2）增加病害

土壤水分长期饱和，容易造成根腐病及疫病的发生和扩散。

（3）影响生长发育

不同时期的涝渍均对植株生长造成不同程度的影响。种子萌发时期涝渍易使种子因缺乏空气而不能发芽或造成粉籽、烂种等，进而影响出苗（图6-13）；开花前雨水过多会造成植株徒长，茎秆变细，抗倒伏能力下降；籽粒成熟期前发生涝渍易出现"倒青"现象，即茎秆呈现较长时间的绿色，种子含水量高，品质差，不能按时成熟，影响收获（图6-14）。

图6-13 渍害影响大豆出苗　　　　图6-14 雨水过多诱发大豆倒伏

2. 涝渍对玉米的影响

（1）影响根系发育

涝害发生后，土壤严重积水，根系首先受到影响，主要表现为根的生长受阻，根变短、变粗，几乎不长根毛，根系弯曲向上生长，出现"翻根"现象，根系养分吸收能力下降。

（2）积累有毒物质

涝害发生后，土壤中缺少氧气，厌氧微生物活动会产生并积累一些有毒物质，苗期涝渍易导致玉米植株根系死亡。

（3）影响植株生长

涝害发生后，玉米植株地上部出叶速度缓慢，叶片伸展受阻，基部黄叶增多，叶绿素含量降低，光合作用下降，制造、积累的光合产物减少，植株生长缓慢，吐丝期推迟，最终导致产量损失（图6-15）。

图6-15　渍害影响玉米生长

3. 排涝降渍

土壤水分过多时需及时排水，大豆玉米发生涝渍后好氧微生物活动受限，厌氧微生物增多，分解有机酸、硫化氢等有毒物质并增加土壤酸度，易造成植株烂根、死苗；同时根系容易受到损伤，增加倒伏风险；淹水后土壤养分大量流失，根系吸收能力减弱，需要后期进行再次追肥，增加种植成本。

排水可保证根系呼吸所必需的气体环境，使土壤速效养分充分供应，降低土壤的酸度，减少土壤有毒物质的产生。

小贴士

　　涝渍包括涝害和渍害，前者是指作物浸泡在水中，地表有明水（图6-16）；后者是指土壤较长时间维持水分饱和状态，地表无明水（图6-17）。

图6-16　苗期涝害

图6-17　苗期渍害

　　夏季降雨量易集中。需要配套好田间沟系，做到能灌能排。防止苗期芽涝以及夏季暴雨台风造成倒伏。

第七章

绿色防控

一 主要病虫草害

病虫草害防治是大豆玉米带状复合种植实现高产稳产的重要环节。江苏地处南北交界，气候年度间差异较大，夏季高温高湿的气候容易滋生病虫。与净作玉米和净作大豆相比，复合种植的病虫害发生率相对较低，可以减少农药使用量，是一种绿色可持续的农业生产方式。但大豆和玉米属于不同科的作物，病害、虫害和草害的防控重点均不一样，需要独立做好防控。

1. 病害

大豆主要病害有茎枯病、炭疽病、叶斑病、荚枯病、根腐病、病毒病等。近两年在江苏发生的主要病害有病毒病（图 7-1）、根腐病（图 7-2）、霜霉病（图 7-3）、拟茎点种腐病（图 7-4）等。

图 7-1　大豆病毒病

图 7-2　大豆根腐病

图 7-3　大豆霜霉病

图 7-4　大豆拟茎点种腐病

玉米主要病害有大斑病、小斑病、纹枯病、茎腐病、瘤黑粉病、弯孢叶斑病、穗腐病、南方锈病等。2023 年由于雨水较多，南方锈病（图 7-5）和穗腐病（图 7-6）发生较严重。

图 7-6　玉米穗腐病果穗

图 7-5　玉米南方锈病

2.虫害

江苏大豆主要虫害有烟粉虱、豆秆黑潜蝇、斜纹夜蛾、甜菜夜蛾、蜗牛、金龟子、豆荚螟、食心虫、蚜虫、点蜂缘蝽等。

江苏玉米主要虫害有玉米螟、棉铃虫、黏虫、桃蛀螟、蚜虫、小地老虎、甜菜叶蛾、草地贪夜蛾、二点委夜蛾、蓟马等。

近两年江苏大豆玉米带状复合种植地块苗期夜蛾类病害部分地块发生较严重（图7-7），中后期玉米螟发生较严重（图7-8）。2023年烟粉虱发生较严重（图7-9）。

图7-7 苗期夜蛾类危害

图 7-8　玉米螟虫害

图 7-9　大豆烟粉虱危害

3. 草害

主要杂草与单作相似，包括 3 种禾本科杂草（稗草、狗尾草、牛筋草）、11 种阔叶杂草（刺儿菜、苦荬菜、苍耳、牛膝菊、野茼蒿、鳢肠、龙葵、苦藤、反枝苋等）。因农户经验不足，近两年部分田块田间草害发生较严重（图7-10），部分地块甚至影响收获（图 7-11）。

图 7-10　苗期草害

图 7-11　成熟期田间草害严重影响收获

二）病虫害防治

根据大豆玉米带状复合种植病虫害发生特点，加强田间病虫调查监测，准确掌握病虫发生动态，做到及时发现、适时防治。尽可能协同采用农艺、物理、生物、化学等有效技术措施进行病虫害综合防控。大豆登记农药品种不多，各地可在试验示范基础上科学选用药剂。施用化学药剂过程要严格执行农药安全使用操作规程，各时期病虫害防治措施应尽可能与化控剂、叶面肥、调节剂等相结合，进行"套餐式"田间作业。

1. 播种期防治

品种选配：选择适合当地复合种植模式的抗（耐）病虫品种。防治目标以防治大豆根腐病、拟茎点种腐病、玉米茎腐病、丝黑穗病等土传或种传病害，地下害虫，以及甜菜叶蛾、蚜虫等苗期害虫为主。种子处理可选用精甲·咯菌腈（＋噻虫嗪）、丁硫·福美双、噻虫嗪·噻呋酰胺等种衣剂进行种子包衣或拌种。

2. 生长前期防治

大豆苗期—始花期：重点防治目标为茎枯病、炭疽病、叶斑病、蚜虫、烟粉虱、豆秆黑潜蝇、斜纹夜蛾、甜菜夜蛾、蜗牛等。

针对斜纹夜蛾、金龟子等害虫，选用苏云金杆菌、球孢白僵菌、甘蓝夜蛾核型多角体病毒、金龟子绿僵菌等生物制剂喷施防治。

针对蚜虫、烟粉虱、豆秆黑潜蝇、斜纹夜蛾、甜菜夜蛾等害虫发生密度较大时，于幼虫发生初期，选用氯虫苯甲酰胺、氯虫·高氯氟、高氯·吡虫啉等杀虫剂喷雾防治。

针对茎枯病、炭疽病、叶斑病等茎叶部病害发生情况，选用吡唑醚菌酯、苯醚·嘧菌酯喷雾防治。

玉米苗期—大喇叭口期：重点防治目标为玉米螟、桃蛀螟、蚜虫、甜菜夜蛾等害虫及叶部病害（图7-12）。可与大豆主要病虫防治措施同步进行。

图7-12 大豆玉米苗期虫害

针对玉米螟、桃蛀螟、蚜虫、甜菜夜蛾等害虫发生密度较大时，于幼虫发生初期，选用四氯虫酰胺、甲氨基阿维菌素苯甲酸盐、乙基多杀菌素、茚虫威等杀虫剂喷雾防治。

针对玉米叶部病害发生情况，选用吡唑醚菌酯、戊唑醇等杀菌剂喷雾防治。

3. 生长中后期防治

大豆开花—鼓粒期：在前期防控的基础上，根据大豆荚枯病、炭疽病、叶斑病、豆荚螟、食心虫、点蜂缘蝽等发生情况，有针对性地选用唑醚·氟环唑、丙环·嘧菌酯等杀菌剂和氯虫苯甲酰胺、高效氯氟氰菊酯、溴氰菊酯或者含有噻虫嗪成分的杀虫剂喷施。

玉米抽雄—成熟期：在前期防控的基础上，根据玉米大斑病、小斑病、南方锈病、褐斑病、钻蛀性害虫等发生情况，有针对性地选用唑醚·氟环唑、丙环·嘧菌酯、枯草芽孢杆菌、井冈霉素 A 等杀菌剂和苏云金杆菌、球孢白僵菌、甲维·高氯氟等杀虫剂喷施（表 7-1）。

表 7-1　不同类型病虫害防治用药和方法

病虫种类	防治用药	方法
根部、茎基部病害	精甲·咯菌腈、氟环·咯·精甲、萎锈·福美双、甲霜·多菌灵、多·福·甲维盐、丁硫·福美双、阿维·多·福、苯甲·嘧菌酯、吡唑酯·精甲霜·甲维	拌种
地下及苗期害虫	噻虫嗪、吡虫啉、溴氰虫酰胺、氯虫苯甲酰胺、金龟子绿僵菌	拌种
叶部等地上部病害	吡唑醚菌酯、丙环·嘧菌酯、唑醚·氟环唑、苯甲·丙环唑、嘧菌酯	喷雾
刺吸、食叶和钻蛀型害虫	氯虫苯甲酰胺、噻虫嗪·高效氯氟氰菊酯、四氯虫酰胺、甲维盐、苏云金杆菌、球孢白僵菌、金龟子绿僵菌、甘蓝夜蛾核型多角体病毒	喷雾
穗期病害	丙环·嘧菌酯、氟唑·嘧菌酯、嘧菌·戊唑醇、肟菌·戊唑醇、氟唑·福美双、氟硅唑、三唑酮、吡唑醚菌酯、唑醚·戊唑醇	喷雾

三 草害防治

大豆玉米带状复合种植杂草防控坚持综合防治原则，充分发挥翻耕旋耕除草、轮作换茬等农业防控和物理防控措施的作用，降低田间杂草发生基数，减轻化学除草压力。使用除草剂坚持"播后苗前土壤封闭处理为主、苗后茎叶定向喷施处理为辅"的施用策略，根据不同区域杂草特点选择杂草防除方法，既要考虑在田大豆、玉米生长安全，又要考虑下茬作物和来年大豆玉米带状复合种植轮作倒茬安全。

1. 农业防控措施

及时清除田间沟渠、地边和田埂杂草，防止杂草种子扩散进入农田危害。

播前深翻深旋，提高秸秆还田质量，有效降低杂草发生基数。适期播种，适度密植，强化播后镇压，提高田间土壤平实度，加强肥水管理，确保齐苗壮苗。

2. 化学防控措施

（1）播前灭茬

播种前杂草较多的田块，在播种前 3~7 天，可先用草铵膦在田间进行定向喷雾，降低杂草基数，播后苗前再进行土壤封闭处理。

（2）土壤封闭

大豆玉米同期带状间作，除草剂使用以播后苗前土壤封闭处理为主。可选用精异丙甲草胺（或异丙甲草胺、二甲戊灵、乙草胺）+唑嘧磺草胺（或噻吩磺隆）等除草剂配方进行土壤处理，控制杂草出苗。前茬小麦的田块土壤封闭处理前要灭茬，然后播种施药，并根据土壤墒情适度增加兑水量，提高封闭效果（图 7-13）。

（3）茎叶处理

土壤封闭处理效果不好需茎叶处理的田块，可在大豆 2~3 复叶期、玉米 3~5 叶期、杂草 2~5 叶期，结合草情苗情，选择大豆、玉米专用除草剂实施定向喷雾除草，同时要采用物理隔帘将大豆玉米隔开。根据田间草情，玉米种植带可选用硝磺草酮+灭草松（或氯氟吡氧乙酸），大豆种植带可选用精喹禾灵（或高效氟吡甲禾灵）+灭草松（图 7-14）。

图 7-13 播后土壤封闭

图 7-14 苗期化学除草

3. 除草剂的选用

目前，大豆和玉米共同登记的除草剂产品如表 7-2。

表7-2　大豆和玉米共同登记的除草剂产品

使用方式	类型	防除对象	安全用量/（克/亩）
土壤封闭	2，4-滴异辛酯	部分阔叶杂草	45
	噻吩磺隆		1.50~2.25
	唑嘧磺草胺		3~4
	（精）异丙甲草胺	一年生禾本科杂草及部分小粒种子阔叶杂草	100~150
	乙草胺		75~125
	二甲戊灵		49.5~66.0
茎叶喷雾	灭草松	部分阔叶杂草	72~96

4. 除草剂使用注意事项

①大豆和玉米播种后立即进行土壤封闭处理，旋耕地块兑水量30~40升/亩，免耕地块亩用水量50~60升/亩，土壤表面干旱田块亩兑水量应加大到80~90升/亩。

②夏播田块封闭除草应在播种后2天之内完成，且要求在雨后无风、土壤湿润状态下进行。

③精喹禾灵、高效氟吡甲禾灵、精吡氟禾草灵和烯草酮等药剂漂移易导致玉米药害，一些稻田除草剂飞防时造成附近复合田块玉米心叶腐烂（图7-15），前茬稻田水改旱地块用药不当易造成大豆玉米僵苗不发（图7-16）；氯氟吡氧乙酸和二氯吡啶酸等药剂飘移易导致大豆药害（图7-17），莠去津、烟嘧磺隆易导致大豆药害和后茬小麦、油菜残留药害。

图7-15　水稻田除草剂漂移造成玉米心叶腐烂

图 7-16　前茬除草剂药害造成大豆玉米僵苗不发

图 7-17　大豆玉米田间药害

小贴士

转基因抗（耐）除草剂玉米大豆品种的应用

2021—2022 年，农业农村部组织开展了转基因大豆和玉米的产业化试点工作。参加试点种植的中黄 6106、DBN9004、DBN9936 等大豆玉米品种均已获得生产应用安全证书。截至目前生产上的应用来看，耐除草剂转基因玉米和大豆品种的引入，可有效解决大豆田、玉米田使用不同除草剂互相影响的问题，有利于大豆玉米带状复合种植和后茬作物轮作。

洁田玉（如 MC121、京农科 828 等）作为带状复合种植配套玉米品种，能够有效耐抗大豆除草剂，为大豆玉米间作模式的大面积推广提供了强有力的科技支撑（图 7-18）。

图 7-18　大豆/玉米带状复合种植除草剂

5. 复合种植绿色综合防控策略

大豆玉米带状复合种植要遵循"公共植保，绿色植保"的方针，坚持科学用药、适期用药和规范用药。其防控策略为"一施多治，一具多诱，封定结合"。

（1）一施多治

针对发生时期一致，且玉米和大豆的共有病虫，在病虫发生关键期，采用广谱生防菌剂，农用抗生素，高效低毒杀虫、杀菌剂，结合农药增效剂，对多种病虫害进行统一防治，达到一次施药，兼防多种病虫的目标。

（2）封定结合

依据玉米、大豆对除草剂的选择性差异，采用苗前封闭化除为主，苗后定向除草为辅相结合的方法防除杂草。

小贴士

化学药剂使用原则

科学用药，即对症下药、登记用药、高效低毒、兼防兼治。

适期用药，即初期用药（病害）、低龄用药（虫害）、精准用药。

规范用药，即标签用药、轮换用药、科学施药。

第八章

化控抗倒

一 化控目的

1. 大豆控旺防倒

大豆玉米带状复合种植中大豆中后期易受到玉米遮阴影响，其趋光性导致大豆节间过度伸长，株高增加，严重时主茎出现藤蔓化，茎秆变细，木质素含量下降，强度降低，易发生倒伏（图8-1）。发生倒伏的大豆容易感染病虫害，倒伏大豆机械化收获困难，损失率高。生产中常用于大豆控旺防倒的生长调节剂有烯效唑、胺鲜酯、多唑·甲哌鎓等。

图8-1 大豆倒伏

2. 玉米化控防倒

玉米化控适用于易倒伏品种，风大、易倒伏的地区，以及水肥条件较好、生长偏旺、种植密度大、对大豆遮阴严重的田块（图8-2、图8-3）。密度合理、生长正常地块可不化控。生产中常用于玉米化控降高的生长调节剂为健壮素、金得乐、玉黄金等，可增加茎粗、缩短节间、降低株高和穗位高度，促进根系发育，增强抗倒能力以及减弱对大豆的遮阴效果。

图8-2　玉米倒伏　　　　　　　　　　图8-3　玉米倒折

二 化控药剂类型

作物化控技术是指应用植物生长调节剂，通过改变植物内源激素系统而调节作物生长发育过程，使其朝着人们预期方向发生变化的技术体系。在大豆玉米带状复合种植中进行化学调控，主要目的是玉米化控降高和大豆控旺防倒。

1. 大豆化控药剂

（1）烯效唑（赤霉素合成抑制剂）

能抑制作物生长，促进根系发育。大豆始花期喷施，喷药时间选择在晴天下午，均匀喷施上部叶片即可，药液要先配成母液再稀释使用。注意烯效唑施用剂量过多有药害，会导致植物烧伤、凋萎、生长不良、叶片畸形、落叶、落花、落荚、晚熟。

（2）胺鲜酯（己酸二乙氨基乙醇酯）

能促进细胞分裂和伸长，提高大豆开花数和结荚数，结荚饱满。一般在大豆始花期喷施，不要在高温下喷施，下午4时后喷药效果较好。胺鲜酯遇碱易分解，不宜与碱性农药混用。

2. 玉米化控药剂

（1）乙烯类

一般在6~8叶展时喷施，节间缩短，茎秆增粗，可与微酸性或中性农药、化肥同时喷施。

（2）多效唑类

一般在6~8叶展时喷施，能控制玉米株高，增强抗倒伏能力，降低倒伏风险。要严格掌握喷施时期，不可提前或延后，过早会抑制植株正常的生长发育，过晚则达不到控旺效果。

（3）缩节胺类

一般在6~9叶展时喷施，能控制植株高度和节间长度，促进玉米根系生长，茎壁增厚，增强植株抗逆性，降低倒伏风险。

（4）矮壮素类

一般在8~12叶展期喷施，其功能是控制植株生长，增强光合作用，增强抗倒伏能力，提高抗逆性。在喷药后6小时内遇雨可补喷，不能与碱性药剂混用。

三　旺长表现

1. 大豆旺长表现

大豆旺长大多发生在开花结荚阶段，密度越大，叶片之间重叠性就越高，单位叶片所接收到的光照越少，导致光合速率下降，光合产物不足而减产（图8-4）。大豆旺长的表现有：

①从植株形态结构看，主茎过高，枝叶繁茂，通风透光性差，叶片封行，田间郁蔽。

②从叶片看，大豆上层叶片肥厚，颜色浓绿，叶片大小接近成年人手掌；下部叶片泛黄，开始脱落。

③从花序看，除主茎上部有少量花序或结荚外，主茎下部及分枝的花序或结荚较少、易脱落，有少量营养株（无花无荚）。

图8-4　复合种植下大豆旺长表现

2. 玉米旺长表现

①与正常玉米相比，旺长玉米茎秆较高，超过了该品种的原有高度，同样条件下长势越高，茎秆越细，抽穗以后遇到风雨天气更容易发生倒伏，造成不同程度减产（图8-5）。

②玉米旺长以后对水分和养分消耗较大，需要更多的水肥来补充生长所需。当水分和养分供应不足时自身长势变弱，抗逆性降低，病虫危害风险增加。

③旺长玉米茎秆节间长，穗位较高，加之水肥供应不足，抽穗灌浆期以后容易形成空秆，果穗秃尖增长，最终影响产量。

图 8-5　复合种植下玉米旺长表现

四 化控注意事项

1. 大豆化控注意事项

（1）明确化控群体，带状复合种植以大豆控旺为主

一般情况下，大豆控旺时间是始花期控 1 次即可，如果前期雨水过多或肥力过剩出现旺长现象则控旺需提前到分枝期，并在初花期补控 1 次。正常生长条件下，如控旺时间过早，会导致大豆生长受阻造成营养不良，影响后期开花结荚，产量降低；控旺时间过晚，则出现旺长，后期倒伏风险增加。

（2）药剂浓度适度

化控药剂严格按照推荐用量和药剂说明书的浓度使用，浓度过大、用量过多会导致植株矮化严重，造成减产。

（3）注意化控方式

化控剂选择 1 种即可，不能多种化控剂混用、重复用。药液现配现用，均匀喷洒于植株上部叶片，不重喷、不漏喷。不与碱性药剂混用，以防失效。晴天下午 4 时后喷药效果较好，喷后 6 小时若遇雨应酌情减量再喷 1 次。如遇刮风天气，应顺风施药，并戴上口罩，喷药后要立即用肥皂洗手。

2. 玉米化控注意事项

（1）把握化控对象

玉米化控适用于高水肥、高密度的高产田，对于中低产田、缺苗补种及生物量明显不足的地块，不宜化控。

（2）严格化控时期

玉米化控一般在 6~11 叶展开期，以 7~10 叶展开为佳。喷药过早易导致生长受抑（图 8-6），喷药过迟会抑制雌穗发育和穗上节间伸长。

（3）掌握化控方法

严格按照产品说明配制药液、不得擅自提高或降低药液浓度。药液要随配随用，不能久存。喷药时不重喷漏喷，喷药后 4 个小时内若遇雨则需重喷，重喷时药量要减半。天旱时不要喷。

（4）优先使用混合剂

玉米化控优先使用混合剂。混合剂受天气影响小，无毒副作用，且具有速效与长效相结合的双重作用，控旺增产效果突出。

图 8-6　玉米化控过度生长受抑

适时收获

1. 大豆成熟的标志

大豆植株茎秆变成褐色，叶片全部脱落，叶柄基本脱尽，豆荚和豆粒呈现品种的固有颜色，籽粒归圆，摇动豆荚有响声（图 9-1）。

图 9-1　大豆成熟标志

2. 玉米成熟的标志

"乳线"消失、"黑层"出现是玉米籽粒完全成熟的标志（图9-2）。所谓"乳线"实际上就是籽粒中淀粉、蛋白质等固体和乳浆的分界面，外表像一条线横贯籽粒，在籽粒生长发育到蜡熟期开始出现，并随着籽粒逐渐脱水而缓慢向籽粒基部移动，最后在籽粒成熟时消失。玉米"黑层"是指籽粒与穗轴的分界线，当籽粒"黑层"开始出现并逐渐加深时，说明玉米趋于成熟。

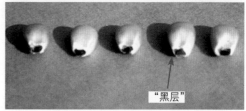

图9-2 玉米籽粒成熟标志

二 收获存在问题

1. 收获时期不当

大豆收获过早降低蛋白、油分含量，"草花脸""泥花脸"严重，影响品质（图9-3）。大豆未完全成熟就开始收割，导致收获的籽粒、秸秆、豆皮分离不清，损失较大。大豆收获过晚，秸秆和籽粒太干，易导致炸荚，破瓣率高，影响产量和品质。

图9-3 大豆收获过早

玉米过早收获籽粒含水量较高，机械化收获易造成籽粒破损，含杂率高，造成损失（图9-4）。收获过晚可能造成果穗掉落或果穗下垂率增高，机械收获时易受到反复碰撞挤压，造成籽粒损伤或脱落，增加收获损失。收获过晚时由于硬度太高，容易引起籽粒脱落，造成减产，如遇后期连阴雨水易产生霉变。

2. 倒伏

风雨较大年份倒伏较重，机械化收获难以正常进行。

图9-4 玉米收获过早

3. 机械收获损失

机收大豆损失包括炸荚损失、落粒损失、掉枝损失、漏割损失；脱粒清选部件引起的夹带损失、未脱净损失、清选损失。

机收玉米损失包括籽粒破损和果穗损失，清洁率低。

4. 驾驶操作不规范

操作手是决定机械化收获损失率高低的关键，直接影响机械化收获质量和籽粒品质。当前，部分农户在购置收割机后未进行系统化培训就盲目进行收割作业，这是影响机械收获效率、质量、产量的重要因素。

三 收获机具选择

根据地块大小、种植行距、作业要求选择适宜的收获机，并根据作业条件调整各项作业参数。优先分别选用大豆、玉米专用收获机。大豆收获机应选择与大豆带幅宽相匹配的割台割幅，推荐选配割幅匹配的大豆收获专用挠性割台，降低收获损失率。玉米收获机应选择与玉米带行数和行距相匹配的割台配置，行距偏差不应超过10厘米。

1. 大豆收获机

采用联合收获机收获脱粒和秸秆还田（图9-5），或在玉米收获后用当地大豆收获机实施收获。

2. 玉米收获机

采用4YZ-2A型自走式联合收获机、4YZP-2X型履带式联合收获机等收获果穗或籽粒，或在大豆收获后用当地玉米收获机实施收获（图9-6）。

混合青贮收获机：复合种植模式下，在大豆鼓粒末期（玉米乳熟末期至蜡熟初期）用自走式青贮饲料收获机同时收获玉米与大豆，然后用青贮打捆包膜一体机完成打捆包膜作业并堆放青贮，或直接压实密闭贮藏于青贮窖中。

图9-5 大豆专用收获机具

图9-6 自走式玉米联合收获机

四 收获方式

根据大豆、玉米成熟顺序差异，收获方式可分为先收玉米后收大豆方式、先收大豆后收玉米方式、大豆玉米分步同时收获方式等。根据种植模式、带宽行距、地块大小、作业要求选择适宜的收获机。

1. 先收玉米后收大豆方式

该方式适用于玉米先熟大豆晚熟地区。作业时，先选用适宜宽度的玉米收获机进行玉米收获作业，再选用常规大豆收获机进行大豆收获作业（图9-7）。玉米收获机机型应根据玉米带的行数、行距和相邻2行大豆带之间的宽度选择，轮式和履带式均可，应做到不碾压或损伤大豆植株，以免造成炸荚增加损失。玉米收获机轮胎（履带）外沿与大豆带距离一般应大于15厘米。大豆收获时，玉米已收获完毕，大豆收获机机型选择范围较大，可选用幅宽与大豆带宽相匹配的大豆收获机，幅宽应大于大豆带宽40厘米以上；也可选用当地常规大豆收获机减幅作业。

图9-7 先收玉米后收大豆

2. 先收大豆后收玉米方式

该方式适用于大豆先熟、玉米晚熟地区。作业时，先选用适宜的窄幅宽大豆收获机进行大豆收获作业，再选用常规玉米收获机进行玉米收获作业（图 9-8）。大豆收获机机型应根据大豆带宽和相邻 2 行玉米带之间的带宽选择，轮式和履带式均可，应做到不漏收大豆、不碾压或夹带玉米植株。大豆收获机割台幅宽一般应大于大豆带宽度 40 厘米（两侧各 20 厘米），整机外廓尺寸应小于相邻玉米带带宽 20 厘米（两侧各 10 厘米）。玉米收获时，大豆已收获完毕，玉米收获机机型选择范围较大，可选用当地常规玉米收获机作业。

图 9-8　先收大豆后收玉米

3. 大豆玉米同时收获

同机同时收获方式：适用于大豆、玉米同时成熟的田块，收获机对玉米和大豆同时收获（图 9-9）。

异机同时收获方式：作业时，对大豆、玉米收获顺序没有特殊要求，主要取决于地块两侧种植的作物类别，一般分别选用大豆收获机和玉米收获机前后布局，轮流收获大豆和玉米，依次作业（图9-10）。因作业时一侧作物已经收获，对机型外廓尺寸、轮距等要求降低，可根据大豆种植幅宽和玉米行数选用幅宽匹配的机型。

图9-9 同机同时收获

大豆收获机　　　　　玉米收获机

图9-10 异机同时收获

五 减损收获作业流程

1. 科学规划作业路线

对大豆、玉米同期收获地块，应先收地头作物，方便机具转弯调头，实现往复转行收获，减少空载行驶；然后再分别选用大豆收获机和玉米收获机依次作业。对大豆、玉米分期收获地块，如果地头已种植先熟作物，应先收地头先熟作物，方便机具转弯调头，实现往复转行收获，减少空载行驶；如果地头未种植先熟作物，作业时转弯调头应尽量借用田间道路或已收获完的周边地块。

2. 合理确定作业速度

作业速度应根据种植模式、收获机匹配程度确定，不能降低作业质量。先收大豆时，机械作业速度一般控制在3~6千米/时，发动机转速保持在额定转速作业。若播种和收获环节均采用北斗导航或辅助驾驶系统，收获作业速度可提高至4~8千米/时。玉米收获时，两侧大豆已收获完毕，可按正常作业速度行驶。先收玉米时，为减少两侧大豆植株的影响，作业速度一般控制在3~5千米/时。如种植行距宽窄不一、地形起伏不定、早晚及雨后作物湿度大，则应降低作业速度，减少收获损失。大豆收获时，两侧玉米已收获完，可按正常作业速度行驶。

3. 驾驶操作规范

大豆收获时，应以不漏收豆荚为原则，控制好大豆收获机割台高度，尽量放低割台，将割茬降至4~8厘米，避免漏收低节位豆荚。作业时将大豆带保持在割台中间位置，并直线行驶，避免漏收或碾压、夹带玉米植株。同时根据粮仓中大豆清洁度和尾筛排出秸秆夹带损失率调整风机风量。玉米收获时，应严格对行收获，保证割道与玉米带平行，且收获机轮胎（履带）要在大豆带和玉米带间空隙的中间，避免碾压两侧大豆。玉米先收时，应确保玉米秸秆不抛洒在大豆带内，避免影响大豆收获机的通过性和作业清洁度。

小贴士

机械化收获优点

（1）快速高效

机械化收获可以快速、高效地收获玉米和大豆，大幅提高了作业效率。

（2）节省时间

与人工收获相比，机械化收获提高了作业速度，可节省大量时间。

（3）统一收获标准

机械化收获可以实现统一的作业标准，提高收获质量。

（4）减少人力成本

机械化收获可以减少对人工的依赖，降低人力成本。

（5）提高生产率

机械化收获可以提高生产率，从而降低单位面积的生产成本。

（六）机收减损作业注意事项

1. 适期收获

机械化收获作业应该根据作物品种、成熟度、籽粒含水率及气候等条件，确定2种作物收获时期及先后收获次序，并适期收获、减少收获损失。

2. 选择适宜机具

在进行机械化作业之前，根据地块大小、种植行距等选择适宜的收获机，并根据作业条件调整各项作业参数，选择作业速度，保留合适的留茬高度。优先分别选用大豆、玉米专用收割机。

3. 选择适宜收获方式

如大豆玉米成熟期不同，应选择自走式玉米收获机先收玉米，或选择窄幅履带式大豆收获机先收大豆，待后收作物成熟时，再用当地常规收获机完成后收作物收获作业，也可购置高地隙跨带玉米收获机，先收两带玉米，再收大豆。

如大豆、玉米同期成熟，可优先选用大豆、玉米专用收获机或选用当地现有的2种收获机一前一后同步跟随收获作业。收获后及时秸秆旋耕还田，培肥地力。

4. 提前调整试收

先规划科学的作业路线，方便机具转弯调头，实现往复转行收获，减少空载行驶；再提前调整试收，直至作业质量优于标准，并达到满意的作业效果；然后确定适宜的收获速度，确定割台高度以及割道宽度，降低损失率。

主要参考文献

［1］杨文珏，贺娟，吕修涛，等．玉米—大豆带状复合种植技术规程．NY/T 2632—2021. 2021: [2021-11-1].

［2］王文彬，杨力，王春吉，等．大豆玉米"4‖2"带状复合种植"一调二优三控"技术规程．DB3209/T 1226—2023. 2023: [2023-4-28].

［3］祝庆，刘耀鸿，刘瑞显，等．大豆—玉米带状复合种植鲜食模式技术规程．DB3207/T 1035—2022. 2022: [2023-1-1].

［4］杨文钰，杨峰．发展玉豆带状复合种植，保障国家粮食安全[J]．中国农业科学，2019, 52(21): 3748-3750.

［5］叶文武，刘万才，王源超．中国大豆病虫害发生现状及全程绿色防控技术研究进展[J].植物保护学报，2023, 50(2): 265-273.

［6］雍太文，杨峰，杨文钰．套作大豆控旺技术要点[J].大豆科技，2011, 110(01): 56.

［7］程彬，刘卫国，王莉，等．种植密度对玉米—大豆带状间作下大豆光合、产量及茎秆抗倒的影响[J].中国农业科学，2021, 54(19): 4084-4096.

［8］赵秉强，袁亮．我国绿色高效化肥产品创新与产业发展[J].植物营养与肥料学报，2023, 29(11): 2143-2149.